PIERRE KOHLER
JOURNALISTE SCIENTIFIQUE

TOUT SAVOIR SUR LE SYSTÈME SOLAIRE

FLEURUS

À Clément et Manon

Texte : Pierre Kohler
Direction éditoriale : Emmanuelle Braine Bonnaire
Précédente édition : Danielle Védrinelle
Présente édition : Audrey Bourset assistée de Léa Bernardin
Graphisme : Hélène Léonard
Direction de fabrication : Thierry Dubus
Fabrication : Marie Dubourg

57, rue Gaston-Tessier – CS 50061, 75166 Paris Cedex 19
www.fleuruseditions.com
Loi n° 49-956 du 16 juillet 1949 sur les publications destinées à la jeunesse,
modifiée par la loi n° 2011-525 du 17 mai 2011

Dépôt légal : mai 2020
1re édition
Numéro d'édition : J21358-03
ISBN : 978-2-2151-7165-2
Code MDS : FS00034
Achevé d'imprimer en octobre 2021 par Rotolito (Roumanie)
Ce livre est imprimé avec des encres végétales sur des papiers PEFC™ respectueux de l'environnement

SOMMAIRE

NOTRE SYSTÈME SOLAIRE

Le Soleil est au centre d'une sorte de grand manège qu'on appelle le « système solaire ». Les principaux figurants de ce manège sont huit planètes. Il faut y ajouter d'innombrables petites planètes aux formes bizarres appelées astéroïdes, ainsi que les nombreux noyaux de glace des comètes.

Les huit planètes principales, les 140 lunes qui tournent autour de certaines d'entre elles, les astéroïdes et les comètes : tout cela n'est qu'une infime partie du total.
À lui seul, le Soleil représente 250 fois la quantité de matière qui est contenue dans ce système solaire ! Les planètes, pourtant si belles, ne sont que des miettes... Le Soleil est le maître du système solaire. Sa taille est gigantesque comparée à celle des planètes. S'il était creux, on pourrait y loger un million de planètes comme la Terre !
En partant du Soleil, on trouve d'abord quatre planètes rocheuses, solides et relativement petites : Mercure, Vénus, la Terre et Mars. La plus grosse de ce groupe est la Terre.
Entre les orbites de Mars et de Jupiter, tournent des blocs de roches : les astéroïdes. Ils sont si nombreux qu'on ne parviendra jamais à tous les compter. Puis viennent quatre planètes géantes : Jupiter, Saturne, Uranus et Neptune. Jupiter, la plus grosse, est mille fois plus volumineuse que la Terre ! Ces mondes géants sont d'énormes boules de gaz qui ne possèdent pas de surface solide : on ne pourra jamais s'y poser. Les distances entre les planètes augmentent à mesure qu'on s'éloigne du Soleil. Sur l'illustration ci-contre, les orbites (voir la définition p. 5) ont été resserrées. Ainsi, la distance entre Uranus et Neptune est bien plus grande qu'entre Mercure et Saturne !
Aux confins du système solaire, très au-delà des plus lointaines planètes, s'étale un immense anneau de rochers géants enrobés de glace. De temps à autre, certains d'entre eux plongent vers l'intérieur du système solaire : ce sont les comètes.

C'EST QUOI UNE ORBITE ?

En tournant autour du Soleil, les planètes suivent une route qui dessine un cercle ou un ovale invisibles : c'est son orbite. De même, les satellites suivent une orbite autour de la planète qui les retient prisonniers.

LE ROI DU SYSTÈME SOLAIRE

Le Soleil est une étoile, car il fabrique sa propre lumière. Les planètes qui l'entourent ne brillent que parce qu'il les éclaire. Si notre Soleil est une étoile, les autres étoiles sont aussi des soleils. Sans lui et l'énergie qu'il dispense, la vie sur Terre n'existerait pas.

UNE ÉTOILE PLUTÔT BANALE

Notre Soleil, jaune et plutôt petit, est né en bordure de la **galaxie** qui rassemble 200 milliards d'autres étoiles de toutes les tailles et de toutes les couleurs. La plus grosse étoile est si volumineuse que tout notre système solaire tiendrait à l'intérieur ! Quant à l'étoile la plus lumineuse, elle brille autant que 4 millions de soleils... Notre Soleil est « célibataire », alors que plus de la moitié des étoiles sont en couple (ce sont des « étoiles doubles », la plus petite tournant autour de la plus grosse), et parfois plus.

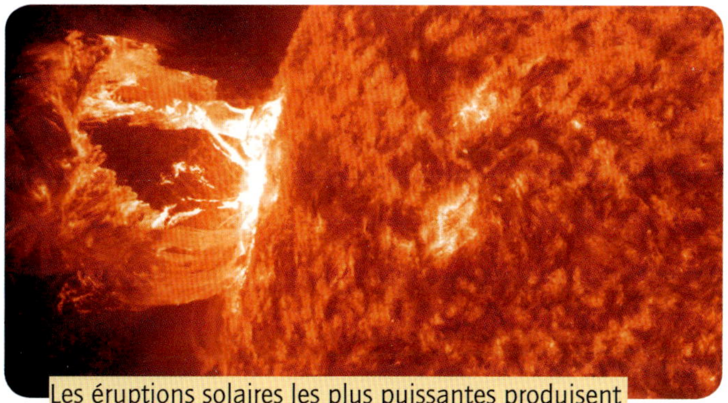

Les éruptions solaires les plus puissantes produisent en quelques minutes autant d'énergie que l'ensemble du Soleil en une fraction de seconde.

VIE ET MORT DU SOLEIL

Notre Soleil se trouve actuellement au milieu de sa vie, mais sa mort ne surviendra pas avant 5 milliards d'années. Sur la fin, il enflera démesurément et son atmosphère très chaude (6 000 degrés) englobera alors la Terre, qui sera grillée. Puis il deviendra une « naine blanche », étoile froide, qui n'évoluera plus.

LES COLÈRES DU SOLEIL

Le Soleil n'est pas un astre calme. Il émet en permanence des bouffées de particules électriques qui traversent tout le système solaire. Sur Terre, elles provoquent des illuminations célestes appelées aurores polaires. Ces apparitions suivent le rythme d'activité du Soleil, avec une plus grande fréquence tous les onze ans. Ces aurores polaires sont des sortes de draperies de lumière rouge ou verte, qui s'allument à quelques centaines de kilomètres d'altitude et dansent au-dessus de nos têtes.

LE SOLEIL NE « BRÛLE » PAS

On a d'abord cru que le Soleil était fait d'une matière qui brûlait. Mais on a calculé que s'il était entièrement composé de charbon, par exemple, il se consumerait en quelques milliers d'années seulement. Or, il brille déjà depuis plus de 4 milliards et demi d'années. L'énergie solaire provient en réalité de réactions nucléaires : c'est comme une bombe atomique qui exploserait en permanence !

Les aurores polaires sont parmi les phénomènes naturels les plus beaux à observer. On les appelle boréales au Nord, australes au Sud.

DANS LA BANLIEUE DU SOLEIL

Deux planètes se trouvent plus près du Soleil que la Terre : ce sont Mercure et Vénus. Si Mercure, noyée dans les lueurs de l'aube ou du crépuscule, est assez difficile à dénicher à l'œil nu, Vénus au contraire s'impose. On l'appelle familièrement l'« étoile du berger », car c'est le premier astre à s'allumer dans le ciel à la tombée de la nuit, plus lumineuse que la plus brillante étoile.

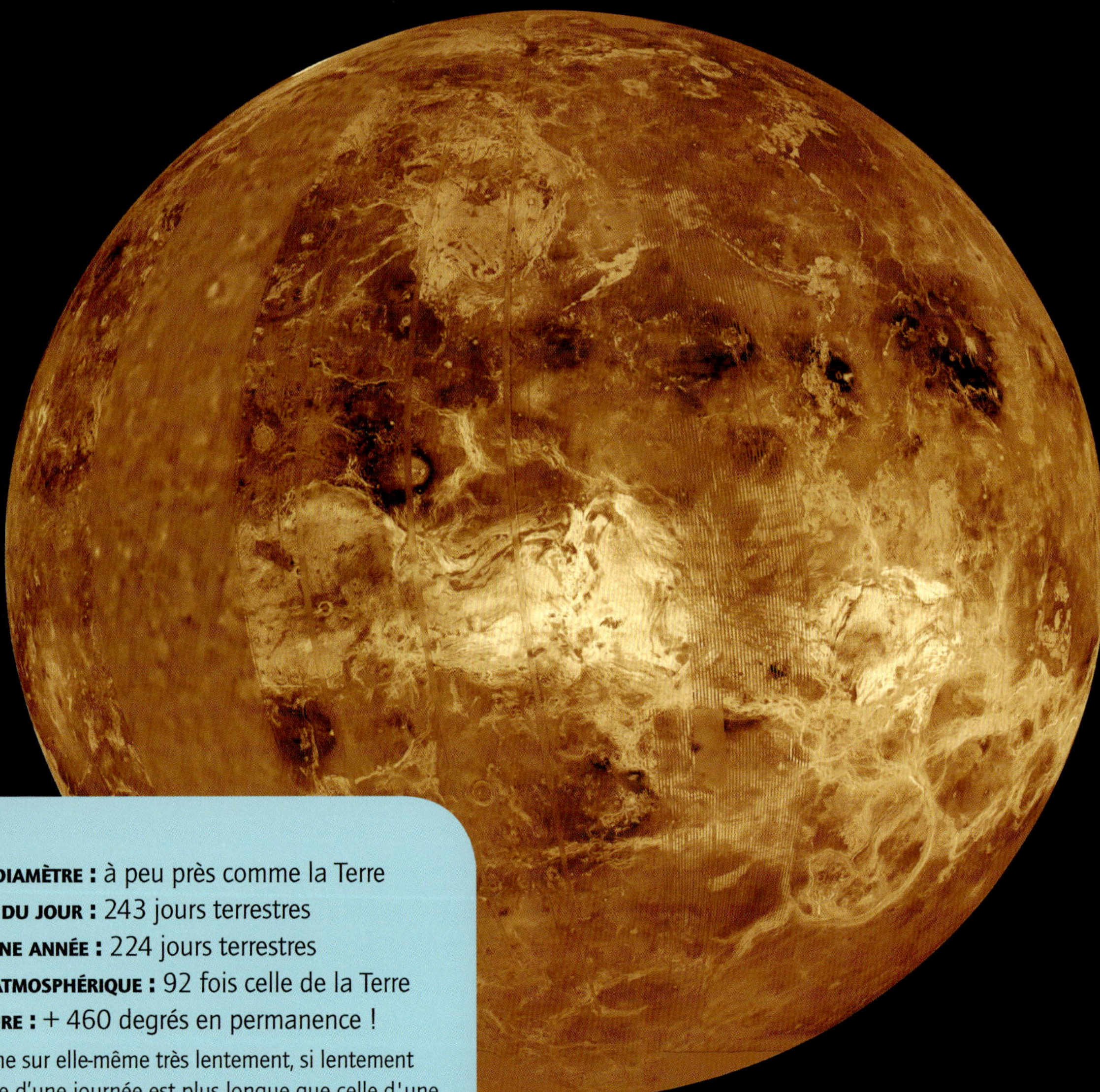

VÉNUS

Masse et diamètre : à peu près comme la Terre
Longueur du jour : 243 jours terrestres
Durée d'une année : 224 jours terrestres
Pression atmosphérique : 92 fois celle de la Terre
Température : + 460 degrés en permanence !

Vénus tourne sur elle-même très lentement, si lentement que la durée d'une journée est plus longue que celle d'une année ! C'est un cas unique dans le système solaire.

Maat Mons est le plus gros des volcans de Vénus. Malgré son sommet aux formes arrondies, il atteint 8 km d'altitude.

UNE FAUSSE JUMELLE

Vénus est la planète la plus proche de la Terre, à une centaine de fois la distance de la Lune. Elle est comparable à la Terre par sa taille, mais la ressemblance s'arrête là. D'abord parce que les gouttes de ses nuages ne sont pas constituées d'eau mais d'acide. Ensuite, il fait si chaud en surface que ces pluies acides s'évaporent avant d'avoir atteint le sol. La température moyenne dépasse 460 degrés, ce qui est suffisant pour que certains métaux fondent à sa surface... Enfin, la **pression atmosphérique** au sol est écrasante, cent fois plus forte que sur Terre, et cet air est irrespirable car constitué de **gaz carbonique**.

AMBIANCE VÉNUSIENNE

Bien que très facile à voir, Vénus est très difficile à observer au télescope car totalement entourée d'un épais manteau de nuages. Elle ne laisse donc jamais voir sa surface. Pour en dresser la carte, il a fallu la « palper » à l'aide d'**ondes radar** qui peuvent traverser les nuages. On y voit de hauts sommets, dont le mont Maxwell qui culmine à près de 11 km. Les nuages sont si épais que seule une très faible partie de la lumière solaire parvient au sol. La surface de Vénus baigne ainsi dans une ambiance comparable à celle d'un soir d'orage sur Terre.

MERCURE
Masse et diamètre : moitié de la Terre
Longueur du jour : 59 jours terrestres
Durée d'une année : 88 jours terrestres
Pression atmosphérique : nulle, car pas d'atmosphère
Température : - 180 degrés la nuit, + 450 degrés le jour. Aucune autre planète ne présente de tels écarts de température !

MERCURE, SOSIE DE LA LUNE

Mercure est la plus petite des planètes du système solaire. Sa surface criblée de cratères d'impacts rappelle beaucoup celle de la Lune. La principale grande plaine circulaire, baptisée Mare Caloris, ne mesure pas moins de 1 300 km de **diamètre**. C'est le résultat d'une collision qui fut un véritable **cataclysme** dans l'histoire de la planète.

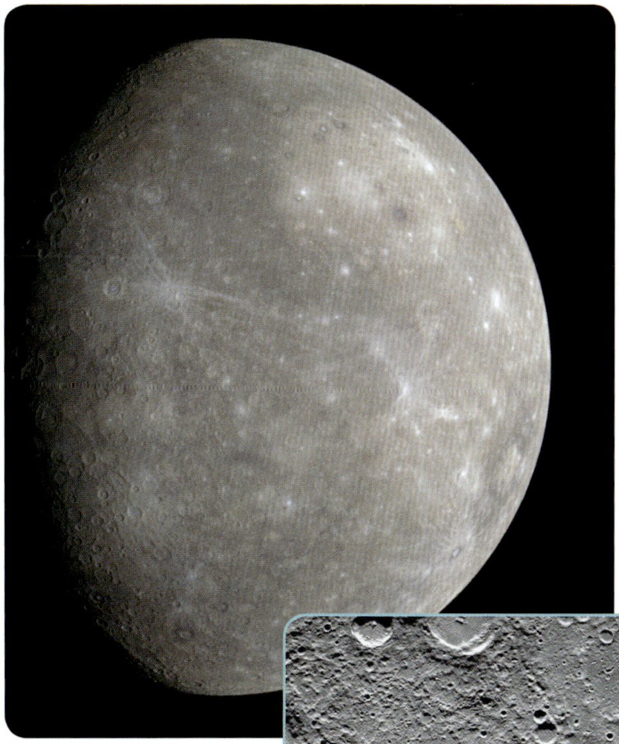

TERRE, UNE OASIS DANS LE COSMOS

En troisième position autour du Soleil, notre planète n'est ni trop proche ni trop éloignée, donc ni trop chaude ni trop froide, ce qui permet à l'eau de subsister sous forme liquide. Cela en fait une planète accueillante, mais un écart infime dans la position de la Terre aurait suffi à tout changer.

AU CENTRE DE LA TERRE

L'histoire de la Terre commence voici plus de 4 milliards et demi d'années. À cause de la radioactivité des roches, la température au centre de la Terre atteint 5 500 degrés, dans un noyau métallique de fer et de nickel. Ce noyau est entouré d'un manteau de roches, plus ou moins fondues.

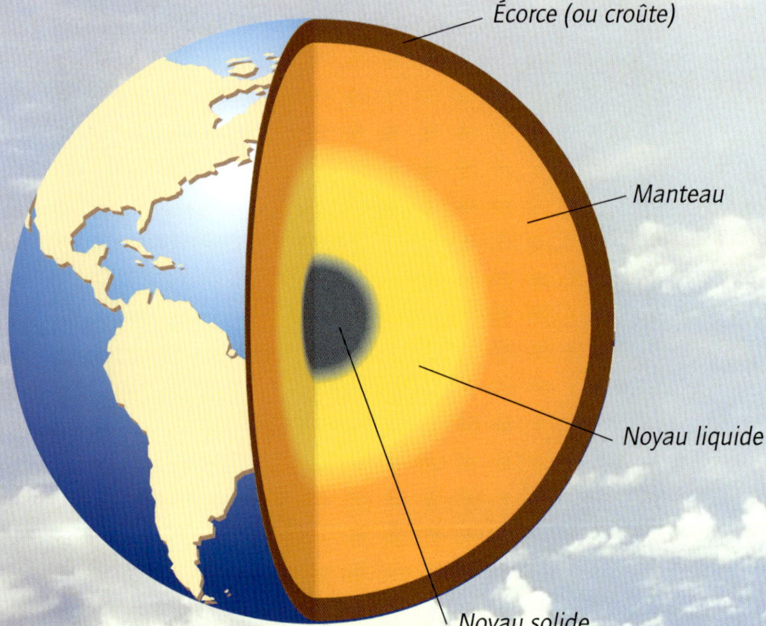

La Terre vue en coupe.

LE PUZZLE DES CONTINENTS

En surface, l'écorce (ou croûte) terrestre n'a que 5 à 70 km d'épaisseur, selon les endroits : elle est proportionnellement cinq fois plus mince que la coquille d'un œuf ! Cette croûte n'est pas faite d'un seul morceau, mais formée d'un puzzle d'une douzaine de pièces, comme la carapace d'une tortue. Sauf que ces plaques sont en mouvement : elles peuvent glisser, s'écarter ou se heurter. Du coup, les continents qu'elles supportent bougent sans cesse, de quelques centimètres chaque année.

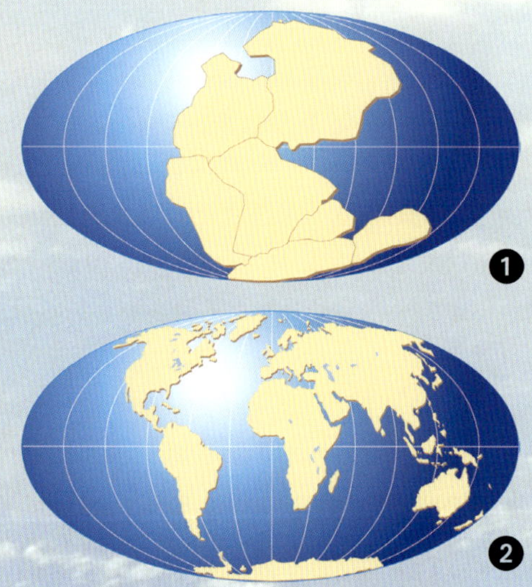

La Terre il y a 400 millions d'années ❶ et la Terre aujourd'hui. ❷

Éruption volcanique en Islande.

C'EST QUOI L'ATMOSPHÈRE ?

La Terre, comme certaines autres planètes, est entourée d'un cocon d'air très mince par rapport à sa taille, que nous avons volontairement exagéré sur ce dessin. C'est l'atmosphère, qui permet au vent de souffler, aux oiseaux et aux avions de voler... et nous permet de respirer !

VOLCANS ET SÉISMES

Parfois, les plaques s'écartent, comme emportées par un tapis roulant. Quand elles se heurtent, elles font naître des montagnes ou des volcans (voir p. 32), et provoquent des tremblements de terre.

LA TERRE, PLANÈTE VIVANTE

Grâce aux photos et aux analyses des sondes spatiales qui ont aujourd'hui exploré toutes les planètes sans exception ainsi que leurs lunes, on sait que la Terre est la seule planète habitée du système solaire. Elle doit cela à sa position par rapport au Soleil, et à la présence d'eau à sa surface. Mais si on tournait un film de deux heures retraçant l'histoire de la Terre, chaque seconde de projection représenterait 600 000 ans... et toute l'histoire des hommes tiendrait dans la dernière seconde !

LA COMPAGNE DE NOS NUITS

Pour nos ancêtres des cavernes, la Lune était une amie, dont la clarté permettait de déjouer les pièges de la nuit et de ne pas se perdre. Ses phases (nouvelle lune, premier quartier, pleine lune et dernier quartier) recommencent environ tous les 29 jours. L'intervalle de 7 jours entre chacune d'elles a servi à découper le temps en semaines.

LUNE

Diamètre : contre la Terre, elle recouvrirait à peine l'Amérique du Nord

Masse : il faut 80 lunes pour atteindre le poids de la Terre

Distance moyenne de la Terre : 70 fois Paris/New York

Tour de la Terre : en 27 jours

Température en surface : au maximum 80 degrés de plus que sur Terre ; au minimum 80 degrés de moins.

LA GRANDE COLLISION

Les astronomes pensent que la Lune est la fille de la Terre. Sa naissance serait le résultat d'une incroyable collision survenue entre la Terre et une planète de la taille de Mars. Cela se serait produit voilà 4 milliards et demi d'années, alors que notre planète était à peine solidifiée. C'est pourquoi la Terre et la Lune ont le même âge et une composition très voisine.

LE VISAGE DE LA LUNE

À l'œil nu, on distingue à sa surface des taches grises qui dessinent comme un visage humain. Ces taches sont baptisées « mers », car les anciens astronomes croyaient qu'il s'agissait d'océans. Ce sont en réalité de vastes plaines de lave recouvertes de cailloux et de poussière. Au télescope, on distingue des montagnes aux sommets arrondis, des vallées sinueuses creusées il y a longtemps par des fleuves de lave, et surtout d'innombrables cratères creusés par un intense bombardement d'astéroïdes dans sa jeunesse. La Lune est aujourd'hui un astre mort sur lequel il ne se passe plus grand-chose.

PIERRES DE LUNE

Contrairement aux roches terrestres, les pierres de Lune sont peu variées. Les minéraux qui les constituent sont les mêmes, mais mélangés dans des proportions différentes.

La Lune est, avec le Soleil, le seul astre que nous voyons comme un disque, et non comme un point lumineux. La grosseur apparente de ce disque est moins importante qu'on ne le croit, car on peut le masquer avec un crayon tendu à bout de bras...

DES MILLIERS DE « BÉBÉS-LUNES »

Depuis *Spoutnik* en 1957 (voir p. 16), 38 000 petites lunes artificielles ont été lancées autour de la Terre ! Beaucoup sont aujourd'hui retombées, mais de nouveaux satellites sont lancés chaque année. L'espace autour de la Terre commence à être bien encombré… Sur les 11 000 satellites qui tournent encore, la majorité ne sont que des épaves, et moins de 2 100 sont encore en état de marche. Dans notre vie quotidienne, ils nous rendent de nombreux services.

① Météo
Placés très loin de la Terre, à 36 000 km de distance, ces satellites sont fixes au-dessus d'un même point. On dit qu'ils sont « géostationnaires ». Ils ont un recul suffisant pour suivre l'évolution des nuages et des cyclones sur toute une moitié de la planète.

② Télécom et télévision
En orbite géostationnaire, ces satellites peuvent voir en même temps deux points très éloignés, et assurer ainsi des liaisons téléphone, radio, télévision ou Internet entre deux continents.

③ Navigation routière (GPS)
Grâce à un réseau de plusieurs dizaines de satellites, qui sont comme les mailles d'un filet invisible, tout véhicule peut connaître sa position où qu'il soit sur terre, sur mer ou dans les airs.

④ Balises de sauvetage
De nombreux naufragés sont sauvés chaque année grâce à des balises spéciales. En cas d'accident, elles transmettent la position des victimes à un satellite. Celui-ci est relié à un centre de surveillance, qui déclenche les recherches et les secours.

⑤ Observation de la Terre
La Terre a été cartographiée avec une très grande finesse grâce aux clichés des satellites.
La comparaison d'une année sur l'autre permet de suivre les moindres transformations, naturelles ou humaines, à la surface de notre planète. Comme ici le satellite *Envisat* (*Environnemental satellite*) qui a révélé la fracture d'un glacier en Antarctique.

4

❻ Observation du ciel

Des satellites astronomiques observent en permanence les astres de l'univers dans les meilleures conditions possibles, hors de l'atmosphère, dans un ciel toujours noir. Ici, une photo de la **galaxie** spirale NGC1300 prise par le télescope spatial *Hubble* (voir p. 41).

LES SATELLITES MILITAIRES

La moitié des satellites en orbite ont une vocation militaire. Ils transmettent des messages secrets, détectent le lancement éventuel de missiles ennemis, espionnent les communications de l'adversaire, ou photographient des endroits stratégiques.

1

2

3

5

6

ON A MARCHÉ SUR LA LUNE

L'aventure spatiale a commencé dans les années 1950 avec la mise en orbite autour de la Terre du satellite *Spoutnik-1*. Quelques années plus tard, des hommes ont pris place à bord de satellites plus gros pour effectuer des séjours de plus en plus longs dans l'espace. Ensuite, une douzaine d'astronautes sont allés marcher sur la Lune...

1

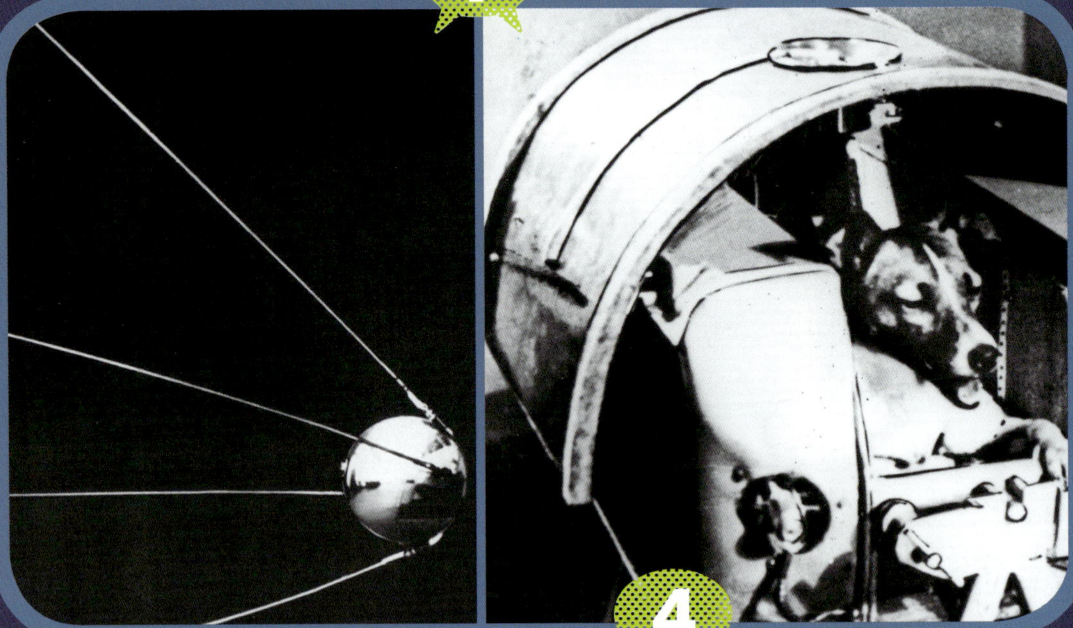

2

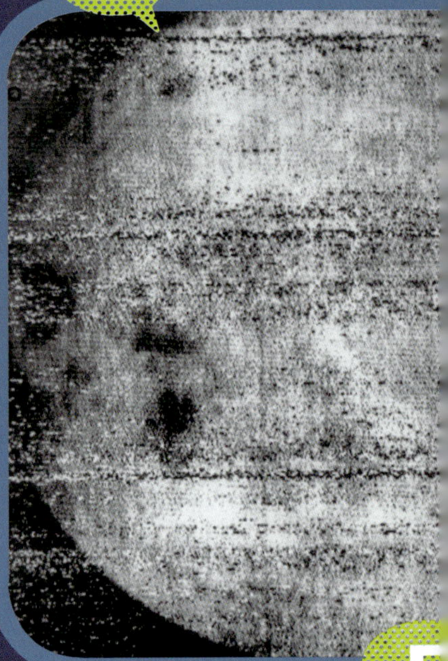

3

4

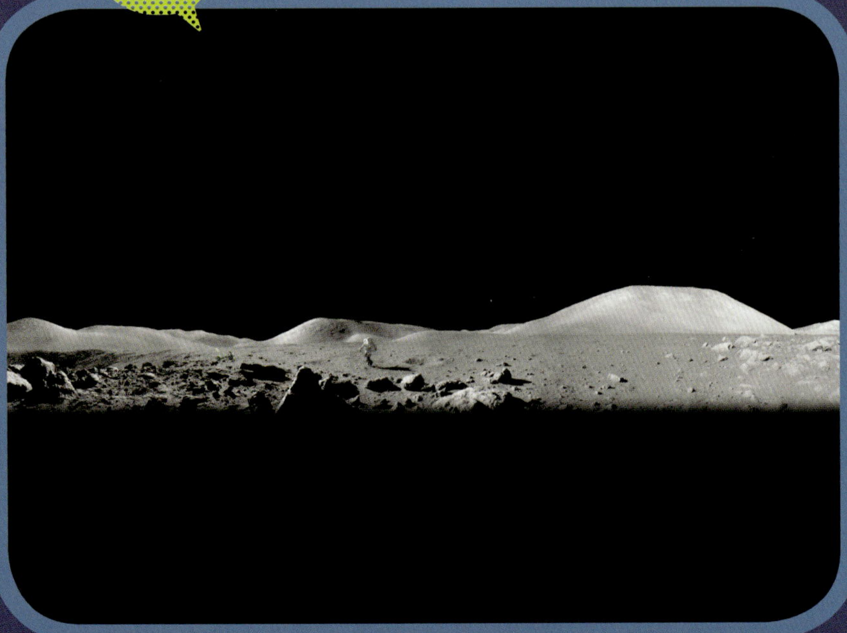

5

1 Octobre 1957
Mise en orbite de *Spoutnik-1*, premier objet construit par l'homme à faire le tour de la Terre. Un mois après, un second satellite emporte la chienne Laïka, premier être vivant à aller dans l'espace.

2 Janvier 1959
La sonde spatiale *Luna-1* frôle la Lune et file dans le système solaire. Elle devient ainsi la première planète artificielle. En septembre 1959, *Luna-2* percute la Lune. Et en octobre 1959, la sonde *Luna-3* envoie les premières photos de la face cachée de la Lune.

3 Avril 1961
À bord du vaisseau spatial *Vostok-1*, le cosmonaute russe Youri Gagarine fait une fois le tour de la Terre, en un peu moins de deux heures.

4 Janvier 1965
La sonde *Luna-9* se pose en douceur et envoie la première photo en gros plan du sol lunaire. Peu après, la sonde *Surveyor-1* nous révèle à quoi ressemble un paysage lunaire.

5 21 juillet 1969
Neil Armstrong et Edwin Aldrin de la mission *Apollo-11* se posent sur la Lune, où ils restent un peu moins d'une journée. En six missions, douze hommes ont fait le tour de la Lune et douze autres ont marché à sa surface. Lors des trois dernières missions, une jeep spéciale leur a permis de s'éloigner jusqu'à 7 km de leur point d'arrivée. Au total, les astronautes ont parcouru 95 km à la surface de la Lune !

VIVRE DANS L'ESPACE

À partir de 1999, quinze pays ont contribué à la réalisation d'un immense complexe, assemblé par tronçons sur plusieurs années. Bienvenue dans la Station spatiale internationale (ISS) !

La Station spatiale internationale tourne autour de la Terre à 400 km d'altitude en moyenne. Elle déploie ses panneaux solaires sur la superficie d'un terrain de football. Au total, elle pèse plus de 400 tonnes ! Elle est facilement visible à l'œil nu dans le ciel. On peut la voir passer tous les deux mois, pendant deux semaines, comme une très brillante étoile qui va d'un horizon à l'autre en 5 minutes. À bord, une demi-douzaine d'hommes et de femmes vivent en permanence. Ils sont remplacés tous les 4 à 6 mois. La vie quotidienne dans l'espace est bien différente de celle sur Terre. Surtout en raison de l'état d'**apesanteur**, qui fait que les objets et les êtres vivants n'ont plus de poids et qu'ils flottent en permanence. La journée des astronautes se partage entre le travail et les travaux domestiques (rangement, entretien, réparations). Ils réalisent des expériences scientifiques, pour obtenir par exemple de nouveaux matériaux ou des médicaments impossibles à fabriquer sur Terre. Ils prennent aussi beaucoup de photos de notre planète. Ils ont aussi des loisirs, peuvent communiquer avec la Terre, téléphoner à leur famille ou envoyer des e-mails à leurs amis ! Depuis 50 ans, déjà plus de 500 hommes et femmes sont allés dans l'espace. Le record du séjour le plus long est de 15 mois pour un cosmonaute russe, le Dr Poliakov.

L'ISS est comme un grand appartement, où chaque pièce correspond à une activité : pour travailler, manger, dormir, faire sa toilette et ses besoins.

Il y a même une salle de sports, car il est obligatoire de faire de l'exercice physique pour compenser le fait que dans l'espace on ne marche plus...

Les astronautes doivent parfois sortir dans l'espace pour changer une pièce en panne, ou installer de nouveaux instruments.

Deux vaisseaux russes *Soyouz* sont amarrés en permanence à l'ISS pour rapatrier les astronautes de la station. En cas d'urgence, ils peuvent regagner la Terre en moins de 2 heures.

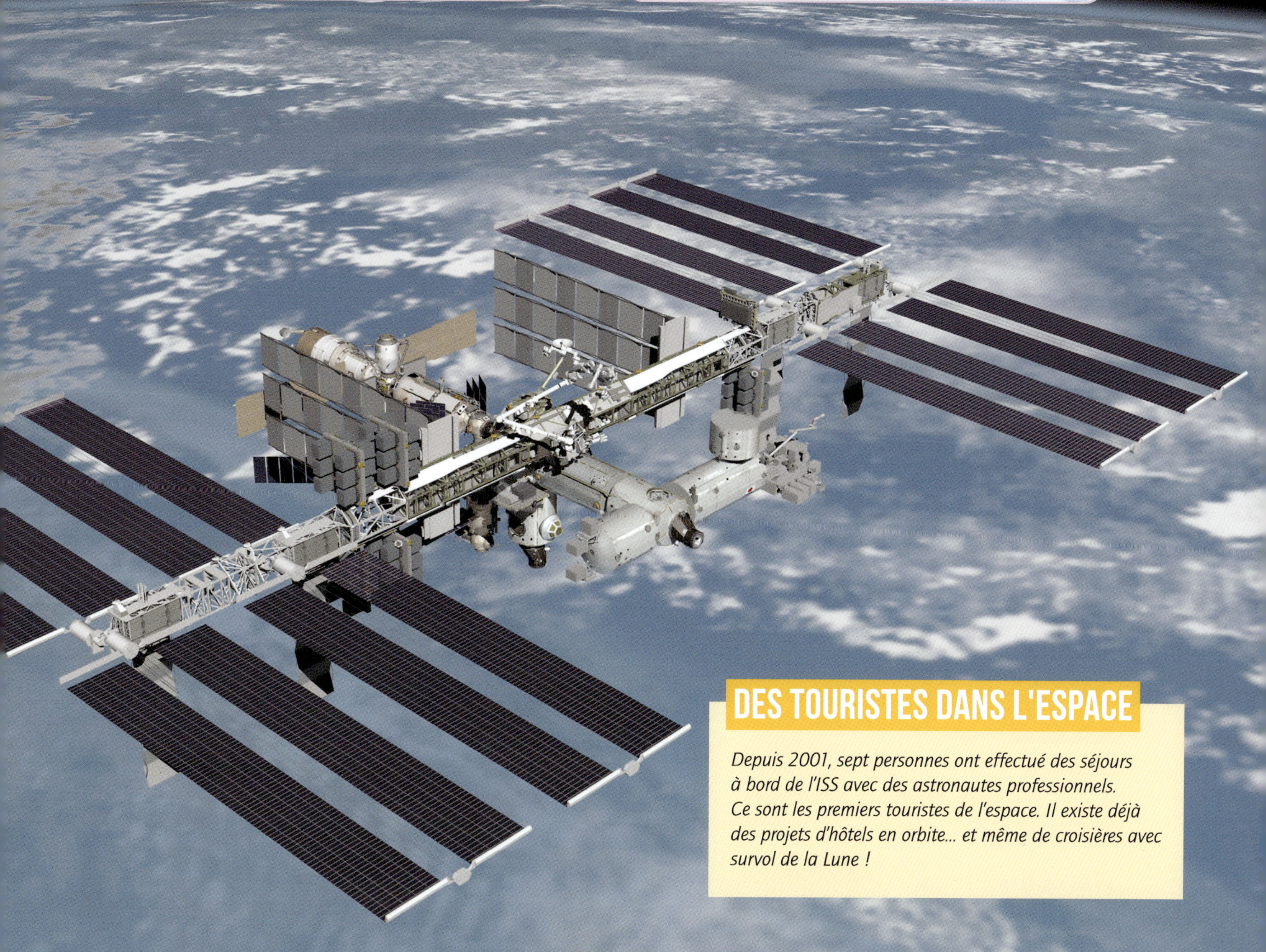

DES TOURISTES DANS L'ESPACE

Depuis 2001, sept personnes ont effectué des séjours à bord de l'ISS avec des astronautes professionnels. Ce sont les premiers touristes de l'espace. Il existe déjà des projets d'hôtels en orbite... et même de croisières avec survol de la Lune !

MARS, LE RUBIS DU CIEL

Dès l'Antiquité, la couleur rougeâtre de Mars a frappé les imaginations. Les Anciens pensaient qu'il s'y déroulait des combats sanglants. Les Grecs la dédièrent donc à leur dieu de la guerre, appelé Mars chez les Romains. On sait aujourd'hui que cette couleur vient du sable qui recouvre la plus grande partie de la planète.

MARS

Masse : il faudrait 9 planètes Mars pour atteindre le poids de la Terre
Diamètre : contre la Terre, elle recouvrirait l'Amérique du Sud
Longueur du jour : 37 minutes de plus que sur Terre
Durée d'une année : 687 jours terrestres
Température en surface : - 60 degrés en moyenne (de 0 à - 140)

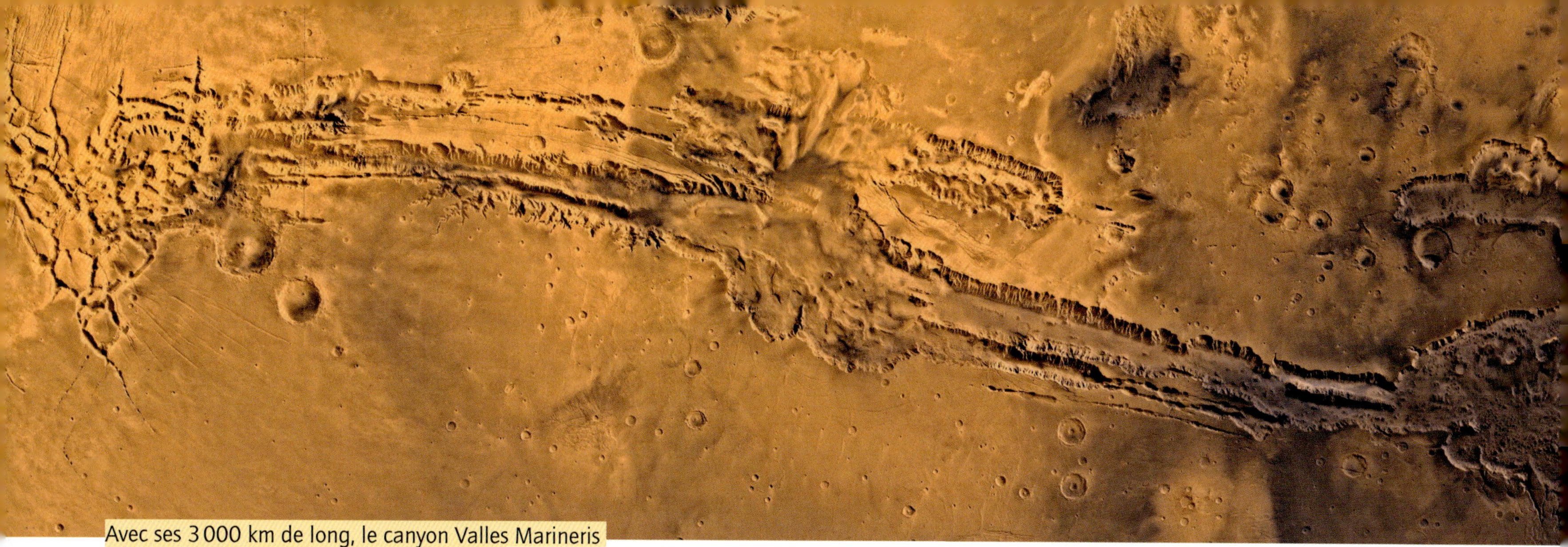

Avec ses 3000 km de long, le canyon Valles Marineris fait presque le quart du tour de la planète !

UN IMMENSE DÉSERT

Mars n'est pas une grosse planète : elle est sept fois moins volumineuse que la Terre. Sa surface est un immense désert parsemé de cratères. Il existe aussi plusieurs volcans éteints, ainsi qu'un gigantesque canyon baptisé Valles Marineris. Cette cicatrice, large de 120 km par endroits, surpasse largement le célèbre canyon du Colorado aux États-Unis !

L'EAU A DISPARU

La planète n'a jamais eu d'océans, car la quantité d'eau n'est pas suffisante pour remplir autre chose que de grands lacs. Cette eau est aujourd'hui stockée dans le sous-sol, gelé en permanence. Mais il existe un grand nombre de vallées sèches, qui ont pu être alimentées dans le passé par la fonte de grandes surfaces gelées.

TEMPÊTES GLOBALES

Le ciel martien n'est pas bleu, mais rose saumon. Cela est dû aux fines particules de sable en suspension dans l'air, soulevées par des vents qui soufflent parfois en tempêtes. Celles-ci sont particulièrement violentes tous les 15 ans : la planète est alors totalement masquée pendant plusieurs semaines... Le climat de Mars est aussi rigoureux que celui de l'Antarctique, et l'air martien est irrespirable car composé de **dioxyde de carbone**. De toutes façons, nous ne pourrions pas vivre sur Mars, car il y a si peu d'air que les liquides s'évaporent à basse température. Conséquence : notre sang se mettrait à bouillir !

La calotte polaire nord de Mars est faite d'un mélange de glace et de sable. Les stries sont provoquées par des vents qui tourbillonnent et sculptent la glace.

DES ROBOTS SUR MARS

À ce jour, une quarantaine de sondes spatiales ont été envoyées vers Mars. *Mariner-4* en 1965 a juste survolé la planète pour prendre des photos de sa surface. En 1969, *Mariner-9* s'est mise en orbite pour mieux l'étudier. Finalement, les sondes *Viking-1* et *Viking-2* s'y sont posées en 1977 pour l'analyser. Vingt ans plus tard, des robots sont largués sur la planète et se déplacent sur le sol martien !

1

2

3

4

À partir de 1997, des sondes déposent sur Mars de petites chenillettes télécommandées, équipées de caméras et d'instruments de mesure et d'analyse. Depuis, elles ont parcouru plusieurs dizaines de kilomètres à sa surface, tout en envoyant des milliers de clichés en couleur. Le reportage de ces envoyées spéciales des hommes sur la planète rouge est extraordinaire !

5

❶ *Viking-1*, à partir de 1977, a transmis des informations pendant six ans, et *Viking-2* pendant quatre ans. Ces sondes ont effectué des observations météo et creusé le sol pour l'analyser, afin de détecter une éventuelle forme de vie.

❷ Déposé sur Mars en juillet 1997, *Sojourner* est le premier robot mobile. Il a exploré les environs de son point d'arrivée pendant deux mois.

❸ *Spirit* s'est posé en janvier 2004 dans un cratère. Son jumeau *Opportunity* est arrivé trois semaines plus tard dans une vaste plaine. Leur mission : étudier les roches martiennes et rechercher des traces d'eau à la surface de Mars. Ils ont réussi leur mission au-delà de tout ce qu'on espérait puisque *Spirit* a travaillé pendant 6 ans avant de tomber en panne. *Opportunity* a fait encore mieux en explorant Mars pendant 14 ans !

❹ En mai 2008, *Phœnix* a atterri tout près de la calotte polaire nord. Il a gratté le sol et découvert des plaques de glace juste sous la surface.

❺ Largué par la sonde *MSL* (*Mars Science Laboratory*), *Curiosity* est un robot très perfectionné, gros comme une petite voiture. Il a été conçu pour rechercher des traces de vie et étudier la composition du sol martien. Il s'est posé près d'une montagne au centre d'un grand cratère, en août 2012. Il est encore opérationnel.

LES DÉCHETS DU SYSTÈME SOLAIRE

Des corps rocheux aux formes irrégulières circulent entre Mars et Jupiter. Ces « astéroïdes » ressemblent plus à des pommes de terre géantes qu'à des planètes ! Ce sont des débris de la formation du système solaire, qui n'ont jamais pu se réunir pour former une vraie planète. Lors des collisions qui se sont produites entre eux, des éclats ont été éjectés sur des orbites qui peuvent croiser celle de la Terre.

PETITS MAIS NOMBREUX

Les astéroïdes sont dispersés dans un immense anneau de 200 millions de km de large. Il en existe au moins 3 millions observables au télescope, mais seulement 600 000 ont pu être répertoriés. Le plus gros, Cérès, n'a que 1 000 km de **diamètre** : posé sur la Terre, il recouvrirait seulement la France ! Et si on les additionnait tous, on n'obtiendrait qu'un tout petit astre, dix fois moins gros que notre Lune. Donc bien plus petit que la plus petite planète...

Cérès

Gaspra

Ida

Itokawa

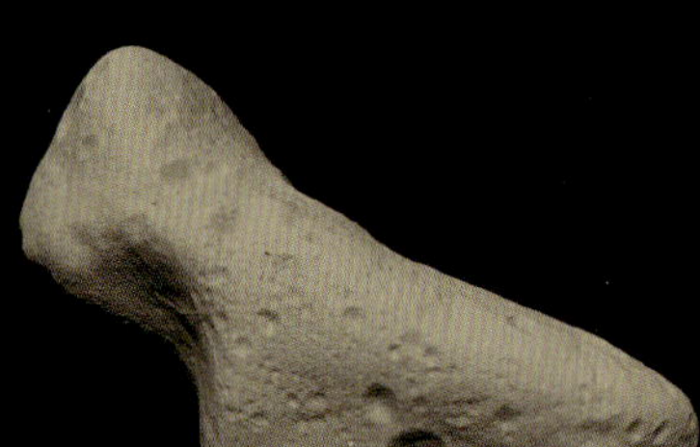

Eros

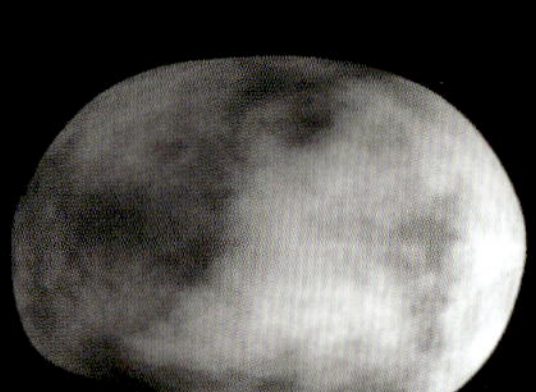

Vesta

DANGER : « GÉOCROISEURS »

Certains de ces astéroïdes sortent pourtant du chemin habituel pour venir croiser l'orbite des planètes voisines. Ceux qui approchent la Terre sont des « géocroiseurs ». On en a identifié plusieurs centaines qui pourraient nous menacer d'ici un siècle. L'impact d'un géocroiseur provoquerait un **cataclysme** digne d'une « fin du monde ». S'il tombait sur un océan, il entraînerait un gigantesque tsunami.

CICATRICES COSMIQUES

Plusieurs milliers d'astéroïdes ont déjà percuté la Terre dans le passé. Ces projectiles cosmiques ont marqué le sol terrestre : plus de 230 cratères d'impacts (ou « astroblèmes ») ont été comptés. L'un des plus grands se trouve en Afrique du Sud : il forme un trou géant de 300 km de **diamètre**. L'astéroïde qui l'a creusé devait peser 20 milliards de tonnes !

INCROYABLE !

Un jour de l'été 1972, une boule de feu, cent fois plus brillante que la pleine lune, traverse le ciel pendant plus d'une minute. Ce petit astéroïde, d'environ 1 million de tonnes, ricoche sur l'atmosphère, à 60 km d'altitude au-dessus des Montagnes Rocheuses (États-Unis). S'il avait percuté le sol, il aurait creusé un trou de 1 km de diamètre...

Le Meteor Crater en Arizona est le mieux conservé de tous les cratères d'impacts terrestres, car il est relativement jeune : 50 000 ans « seulement ». Les touristes peuvent en faire le tour à pied (4 km).

LES LARMES DU CIEL

La nuit, dans le ciel, on voit parfois apparaître des traits de feu parmi les étoiles. Mais ce ne sont pas des étoiles qui se décrochent du ciel ! Il s'agit seulement de petits gravillons qui brûlent en traversant notre atmosphère à très grande vitesse, cent fois plus vite qu'un avion de ligne ! Le frottement de l'air les échauffe et les rend lumineux pendant un bref instant.

VIE ET MORT D'UNE ÉTOILE FILANTE

On ne sait jamais quand, ni à quel endroit du ciel, une étoile filante va apparaître. Et on a tout juste le temps de diriger son regard dans sa direction qu'elle a déjà disparu... Certaines sont plus petites qu'un grain de sable, mais celles qui ont la taille d'un gravillon deviennent aussi lumineuses que les plus brillantes étoiles. Pour un caillou gros comme le poing, l'éclat est celui de la pleine lune...

LES « PERSÉIDES »

Il y a des périodes plus favorables que d'autres pour voir des étoiles filantes. C'est le cas notamment chaque année en août. Dans la nuit du 11 au 12, on peut en voir en moyenne une toutes les 4 minutes, parfois plusieurs en même temps. On les a baptisées « Perséides » parce qu'elles semblent provenir de la **constellation** de Persée. Il s'agit de débris dispersés dans le sillage d'une comète disparue (voir p. 36-37).

La plus grosse météorite connue a été découverte en Namibie en 1920. Elle mesure 3 m et pèse 60 tonnes !

PRÉCIEUSES PIERRES DU CIEL

Les météorites intéressent les astronomes car elles n'ont pas changé depuis l'origine du système solaire et permettent de savoir ce qu'il y avait avant la naissance de la Terre. Elles passionnent aussi les collectionneurs. Les moins cotées sont les « sidérites » constituées de fer, mais on trouve aussi des éclats de Mars (photo ci-dessous) ou de la Lune qui valent plus cher que leur poids en or...

DES MÉTÉORITES PAR MILLIERS

Les cailloux célestes les plus gros ne brûlent pas complètement et parviennent jusqu'au sol : ce sont des météorites. Il en tombe plusieurs milliers de tonnes chaque année sur Terre ! Si on en retrouve si peu, c'est parce qu'une grande partie de la surface de notre planète est occupée par des océans : elles plongent alors et sont perdues à jamais. Les autres tombent dans les déserts, les forêts, les montagnes, ou dans des lieux difficiles d'accès. On en a quand même récupéré 26 000.

JUPITER, LA GÉANTE DES GÉANTES

C'est la plus grosse des planètes du système solaire. Cette énorme boule de gaz, avec sans doute au centre un noyau rocheux plus gros que la Terre, est mille fois plus volumineuse que notre planète. Des dizaines de lunes, plus étonnantes les unes que les autres, tournent autour d'elle.

UN SOLEIL RATÉ

Les planètes géantes n'ont pas du tout la même structure que la Terre. Elles sont faites de gaz comprimés et non de roches comme notre planète. Nous ne voyons que la partie supérieure de leur atmosphère. Dans celle de Jupiter, des nuages d'ammoniac et de méthane dessinent des bandes parallèles alternées, sombres et claires.

UNE ATMOSPHÈRE TOURMENTÉE

Jupiter tourne très vite sur elle-même : en un peu moins de 10 heures, contre 24 heures pour la Terre. Cette incroyable vitesse empêche les nuages de se promener librement à la surface de la planète, et les étire en bandes parallèles qui font le tour de Jupiter.

L'ÉTONNANTE TACHE ROUGE

Dans l'atmosphère de cette planète évolue une curieuse tache rouge. Sa taille est énorme puisqu'elle pourrait largement engloutir la Terre entière. Cette étrange formation colorée se trouve dans la partie sud de la planète. C'est une sorte de cyclone permanent, qui tourbillonne depuis plusieurs siècles et sans doute davantage.

Quatre des nombreuses lunes de Jupiter : Ganymède, Callisto, Io et Europa.

JUPITER

Masse : 318 fois plus lourde que la Terre

Diamètre : on pourrait aligner 11 Terres devant elle

Longueur du jour : 10 heures terrestres

Durée d'une année : 12 ans terrestres

Température en surface : - 110 degrés

Nombre de satellites connus : 79

SATURNE, LA MERVEILLE DES MERVEILLES

L'atmosphère de Saturne est zébrée de nuages qui se déplacent très rapidement, et peuplée de nombreux cyclones bien plus puissants que ceux de la Terre. Les anneaux de glace qui entourent cette planète sont une véritable œuvre d'art céleste.

SATURNE

Masse : 95 fois plus lourde que la Terre

Diamètre : on pourrait aligner 9 Terres devant elle

Longueur du jour : 11 heures terrestres

Durée d'une année : 29 ans terrestres

Température en surface : - 110 degrés

Nombre de satellites connus : 63

DE MAGNIFIQUES ANNEAUX

Ils se présentent comme un disque géant, de 300 000 km de **diamètre** pour seulement une centaine de kilomètres d'épaisseur. Proportionnellement, ils sont comme un CD dont on amincirait 10 000 fois l'épaisseur ! En fait, ce CD n'est pas solide, mais formé par un millier de très fins anneaux concentriques. Ils sont si proches les uns des autres que, de loin, on a l'impression d'une surface pleine. Ces anneaux sont constitués de rochers glacés qui se suivent à la queue leu leu. Individuellement, la taille de ces icebergs cosmiques ne dépasse pas quelques dizaines de mètres.

INCROYABLE !

Saturne est la seule planète dont la ***densité*** *est inférieure à celle de l'eau. Autrement dit, elle flotterait comme un bouchon de liège si on lui trouvait un océan à sa mesure !*

UN PHÉNOMÈNE RÉCENT

On a calculé que toute la matière qui constitue les anneaux de Saturne devait appartenir à un satellite de 200 km de **diamètre**, qui s'est brisé après sa rencontre avec un gros astéroïde. Cela se serait passé assez récemment dans l'histoire de la planète, quelques dizaines de millions d'années. Autrement dit, si l'on réduit la vie de Saturne à une journée terrestre, ses anneaux ne sont apparus qu'un quart d'heure avant minuit !

D'AUTRES ANNEAUX AILLEURS

Saturne n'est pas la seule planète à posséder des anneaux. Il en existe également autour des trois autres planètes géantes. Mais ils sont plus sombres et moins spectaculaires, car ils sont constitués de roches et de poussières, et non de glace comme ceux de Saturne. Les anneaux de Jupiter sont diffus et transparents (photo ci-dessous), ceux d'Uranus sont minces, et ceux de Neptune incomplets, en forme de fer à cheval.

LES VOLCANS D'OUTRE TERRE

C'est sur Terre que l'on compte le plus grand nombre de volcans, mais notre planète n'est pas le seul astre du système solaire à en posséder. On en trouve sur les planètes voisines Vénus et Mars, ainsi que sur Io et Encelade, des lunes qui tournent autour de Jupiter et de Saturne.

On peut classer les volcans terrestres en deux catégories : les « rouges » et les « gris ». Les volcans rouges (comme à La Réunion) ont des laves très visqueuses, qui s'écoulent lentement sur de grandes distances. Les volcans gris (comme le Vésuve en Italie) se réveillent brutalement. Le sommet du cône volcanique saute alors comme un bouchon de champagne géant, expulsant des milliards de tonnes de roches.

C'EST QUOI UN VOLCAN ?

En certains endroits de la Terre, des roches fondues se glissent par des fractures de l'écorce terrestre. Elles durcissent en se refroidissant. Peu à peu, elles s'accumulent et finissent par former un volcan, petite montagne presque toujours en forme de cône.

La totalité de la surface de Vénus est recouverte de volcans encore actifs. Leurs laves sont fluides comme celles des volcans rouges terrestres, mais leur composition est bien différente. Les volcans de Vénus ressemblent à des pancakes !

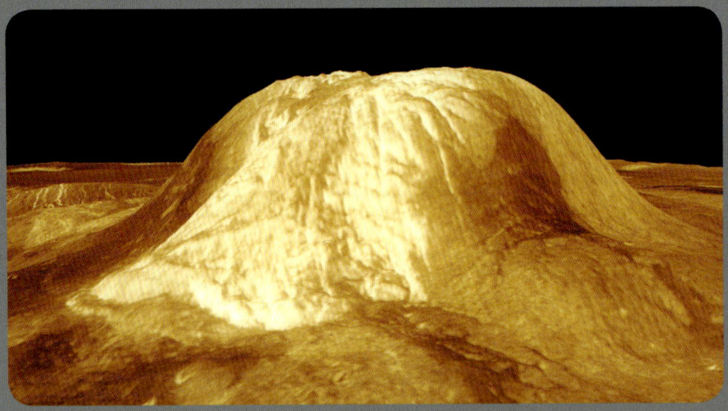

Mars possède le plus gros volcan de tout le système solaire. Baptisé Olympus Mons, il s'étale sur 600 km de **diamètre** (il recouvrirait presque la France entière) et grimpe jusqu'à 26 km d'altitude, soit près de trois fois la taille de l'Everest, le plus haut sommet terrestre.

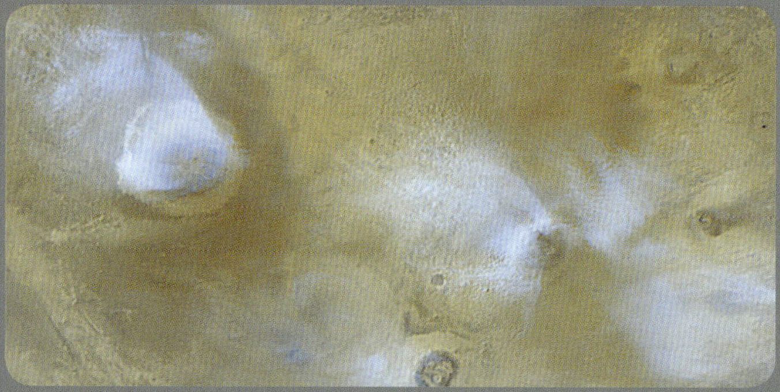

Io, une lune de Jupiter, est en activité permanente. C'est la lune la plus volcanique de tout le système solaire. On y voit une dizaine de volcans qui forment des lacs de lave bouillante, d'où s'élèvent des panaches grimpant à 300 km. Impossible de dresser une carte de Io : sa surface change d'une année sur l'autre !

Encelade est une lune de Saturne qui est recouverte d'une épaisse croûte de glace, fissurée par endroits. C'est là que se forment de curieux volcans appelés «cryovolcans». Il ne s'en échappe pas des roches fondues, rougeoyantes, mais une sorte d'eau gélatineuse qui gèle et durcit immédiatement en atteignant la surface.

LES DERNIÈRES PLANÈTES

Voilà encore trois siècles, le système solaire connu s'arrêtait à Saturne, la plus lointaine planète observable à l'œil nu. Uranus et Neptune, un peu moins grosses que Jupiter et Saturne, sont les deux dernières planètes principales. Au-delà, s'étale une seconde ceinture d'astéroïdes, enrobés de glace.

URANUS

Masse : 15 fois celle de la Terre

Diamètre : on pourrait aligner 4 Terres devant elle

Longueur du jour : 17 heures terrestres

Durée d'une année : 84 ans terrestres

Température en surface : - 190 degrés

Nombre de satellites connus : 27

LA PLANÈTE COUCHÉE

Vue au télescope, Uranus montre un disque bleu verdâtre, sans aucun détail particulier. Pourtant, cette planète présente deux particularités : elle tourne sur elle-même à l'envers (mais c'est aussi le cas de Vénus) ; et surtout, elle tourne couchée sur son orbite (un cas unique dans le système solaire). À certaines époques, on peut ainsi découvrir les régions polaires d'Uranus de face, ce qui est impossible pour les autres planètes. Seule une collision avec un autre astre, survenue probablement peu après sa naissance, peut expliquer cette position.

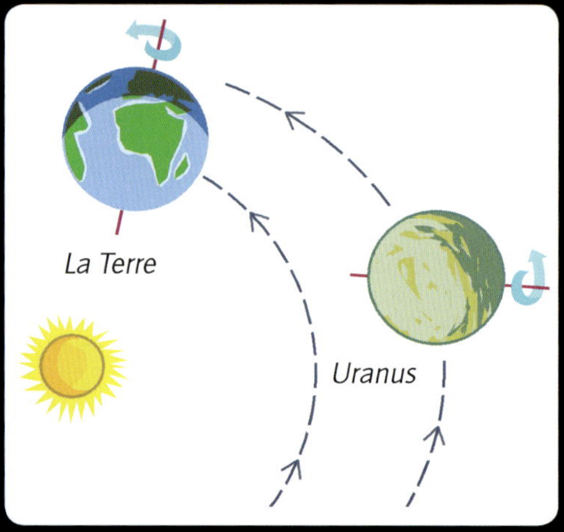

C'EST QUOI PLUTON ?

Quand elle fut découverte en 1930, Pluton a été considérée comme la neuvième planète du système solaire. Mais en mesurant sa taille, on s'est aperçu qu'elle était bien trop petite (à peine plus grosse que notre Lune) pour mériter le nom de planète. Surtout, beaucoup d'astres semblables circulent dans la même zone, alors que les planètes traditionnelles sont isolées. Pluton est aujourd'hui classée parmi les astéroïdes d'une seconde ceinture, dite de Kuiper.

LA DERNIÈRE GÉANTE

Au télescope, Neptune se montre comme un petit confetti bleuté. Cette planète a été découverte dans des conditions étonnantes. Un jeune astronome français, Urbain Le Verrier, la localisa sans même avoir regardé le ciel, après une année de longs calculs ! Neptune est si lointaine qu'il lui faut plus de cent cinquante ans pour faire le tour du Soleil... Nous voici maintenant parvenus aux limites du système solaire, à 5 milliards de km du Soleil. À cette distance, l'astre ne brille guère plus qu'une brillante étoile, et chauffe 2 000 fois moins fort que sur la Terre. Pas question de bronzer sur Neptune !

NEPTUNE

Masse : 17 fois celle de la Terre
Diamètre : on pourrait aligner 4 Terres devant elle
Longueur du jour : 16 heures terrestres
Durée d'une année : 164 ans terrestres
Température en surface : -200 degrés
Nombre de satellites connus : 14

DES BOULES DE NEIGE SALE

Les comètes ont longtemps inspiré la crainte, car leur apparition soudaine et leur longue queue les faisaient considérer comme un signe annonciateur de désastres. Au Moyen Âge, leurs passages ont presque toujours été associés à des catastrophes. Puis on a découvert que certaines – dont la célèbre comète de Halley – revenaient régulièrement.

Les magnifiques queues des comètes sont constituées de gaz et de poussières soufflés par le rayonnement du Soleil. Leur longueur est incroyable.

DES VOYAGEUSES VENUES DE LOIN

Une belle comète observable à l'œil nu apparaît en moyenne tous les 4 ans, mais les astronomes en observent plusieurs dizaines chaque année. Elles arrivent des confins du système solaire, restent dans les parages du Soleil pendant quelques mois, puis repartent. On sait aujourd'hui que ce sont des blocs de glace emprisonnant des poussières et des gaz, le tout enrobé d'une sorte de goudron. Pour une comète, chaque passage près du Soleil est une épreuve : son noyau peut se briser, et ces passages répétés usent le noyau. Une comète qui revient souvent près du Soleil peut disparaître en quelques siècles seulement.

Loin du Soleil, les comètes n'ont pas de queue. Elles sont réduites à un bloc congelé. Leur taille est minuscule comparée à celle des planètes : quelques dizaines de kilomètres de diamètre.

En juillet 2005, la comète Tempel a relâché 40 000 tonnes de vapeur par jour pendant une bonne semaine, après avoir été percutée par la sonde *Deep Impact*.

SOURCE D'EAU ET DE VIE

Les comètes pourraient être la source de l'eau sur Terre. À partir des planètes géantes et au-delà, la région contient en effet beaucoup d'eau. Les comètes transportent cette eau sous forme de glace. Et on sait que d'innombrables comètes ont percuté notre planète voici 4 milliards d'années, aux débuts de la formation du système solaire. Il est donc très probable que l'eau terrestre provienne en grande partie de la fonte de cette glace, qui a rempli les océans.

QUEL PANACHE !

La « grande comète » de 1843 a déployé une queue qui dépassait 300 millions de km de long, soit mille fois la distance de la Terre à la Lune ! Dans le ciel, elle traçait une écharpe qui allait quasiment d'un horizon à l'autre.

LE VOYAGE SANS RETOUR

Parties de la Terre en 1977, les deux sondes spatiales *Voyager* fonctionnent toujours, alors que les jeunes ingénieurs qui les ont conçues sont aujourd'hui à la retraite ! Après avoir survolé toutes les planètes géantes, elles se trouvent maintenant à 16 et 20 milliards de km de la Terre, et viennent de sortir du système solaire.

① **1977 :** lancement de *Voyager-1* et *Voyager-2*. Parties de la base spatiale du Cap Canaveral, en Floride (États-Unis), les deux sondes ont pour mission d'explorer les quatre planètes les plus lointaines du système solaire.

② **1979 :** survol de Jupiter. Attirées par la planète géante, les sondes prennent de la vitesse et peuvent ainsi se diriger vers Saturne.

③ **1981 :** survol de Saturne. *Voyager-1*, après avoir photographié Jupiter et Saturne, continue sur sa lancée, mais son travail est terminé. *Voyager-2*, accélérée de nouveau par son passage près de Saturne, poursuit seule vers les deux dernières planètes géantes.

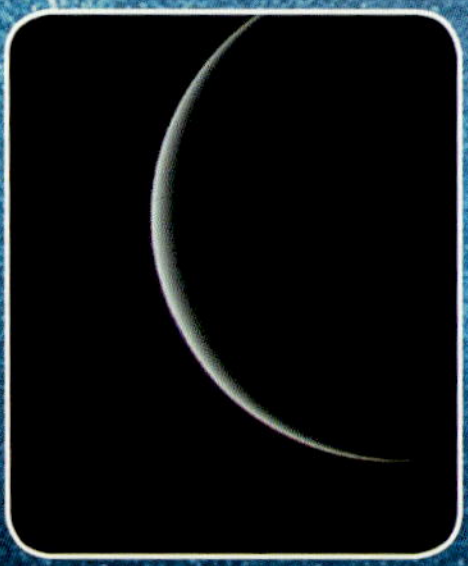

④ **1986 :** *Voyager-2* survole Uranus.

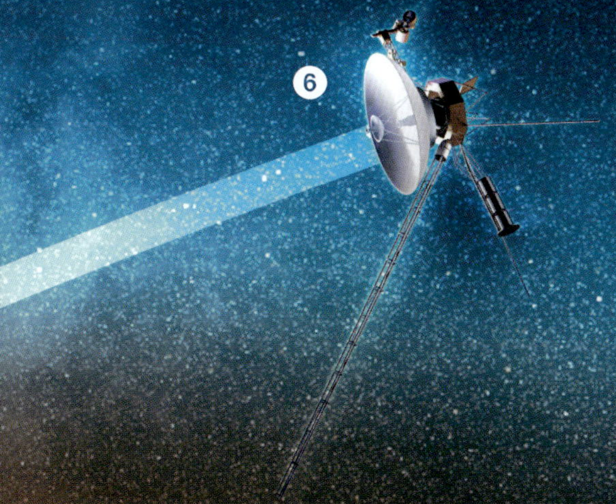

5

1989 : *Voyager-2* survole Neptune, à plus de 4 milliards de km de la Terre. Elle a terminé sa mission et file à son tour vers les étoiles, s'éloignant de 1 milliard de km supplémentaires chaque année.

6 **2010 :** franchissement de l'héliopause, une zone floue qui enveloppe tout le système solaire comme une sorte de bulle invisible. Ces deux sondes sont les premiers objets construits par l'homme à partir vers les étoiles. Mais leur voyage sera très long, puisque la première étoile ne sera pas en vue avant plusieurs milliers d'années. Que sera devenue l'humanité à ce moment-là ?

LE MESSAGE DES TERRIENS

Sur un disque glissé à l'intérieur de ces deux sondes, des sons et des images ont été gravés. Une sorte d'encyclopédie de la Terre pour d'éventuels extraterrestres. On y trouve le mot « bonjour » prononcé dans 55 langues, de la musique classique ou folklorique, et des bruits naturels comme la pluie qui tombe, des chants d'oiseaux, ou le battement d'un cœur... Et des photos de paysages terrestres, d'animaux, des scènes de notre vie quotidienne...

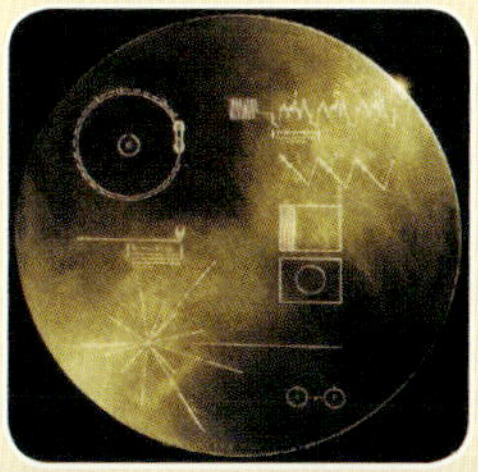

LES YEUX ET LES OREILLES DES ASTRONOMES

Pendant très longtemps, les hommes n'ont eu que leurs yeux pour observer le ciel. Ils ont pu ainsi tracer des constellations. Mais pour étudier la nature des astres, il a fallu inventer des instruments grossissants. Depuis trois siècles, lunettes et télescopes ont ainsi permis de progresser dans la connaissance du ciel. Aujourd'hui, nous disposons de toute une panoplie de moyens d'observation, sur Terre et dans l'espace.

1 En 1609, la toute première lunette de Galilée possédait une petite lentille de qualité médiocre qui ne permettait guère de grossir plus de 30 fois. C'est à la fin du 19e siècle que des lunettes géantes de 20 m de long, avec des lentilles de 1 m de **diamètre**, ont été construites. Elles grossissaient jusqu'à 1 000 fois !

2 Plus le miroir d'un télescope est grand, plus il est performant pour capter la faible lumière des **galaxies** lointaines. Actuellement, une quinzaine de télescopes ont des miroirs de plus de 5 m de **diamètre**. Ces yeux géants sont installés au Chili, aux îles Hawaii (photo), en Arizona, aux Canaries et en Afrique du Sud. D'autres télescopes permettent d'observer des rayonnements célestes invisibles à l'œil comme l'infrarouge, les rayons X ou ultraviolets. D'autres encore sont spécialisés dans l'observation du Soleil.

3 Le Soleil – comme beaucoup d'astres – ne rayonne pas que de la lumière, mais aussi des ondes radio. Pour capter ces ondes, on a construit des antennes appelées radiotélescopes, qui ressemblent à d'énormes toiles d'araignées métalliques, dépassant parfois 100 m de **diamètre**. Grâce à ces radiotélescopes, on peut observer des régions de l'astre que la lumière ne montre pas.

3

❹ Les observatoires sont placés en haute montagne pour bénéficier d'un ciel aussi pur que possible. Mais c'est encore mieux si on observe au-dessus de l'atmosphère. C'est ce que font les télescopes en orbite autour de la Terre. Le plus célèbre d'entre eux est *Hubble*, qui observe 24 heures sur 24, à 600 km d'altitude, depuis plus de trente ans (voir p. 15).

❺ Nous avons également beaucoup appris sur les planètes grâce aux **sondes spatiales** qui leur ont rendu visite depuis un demi-siècle. Ici, la sonde *Cassini* : lancée en 1997, elle s'est mise en orbite autour de Saturne en 2004 pour étudier son atmosphère, la composition de ses anneaux... Elle a aussi largué l'atterrisseur *Huygens* à la surface de Titan, une des lunes de Saturne.

1

2

4

5

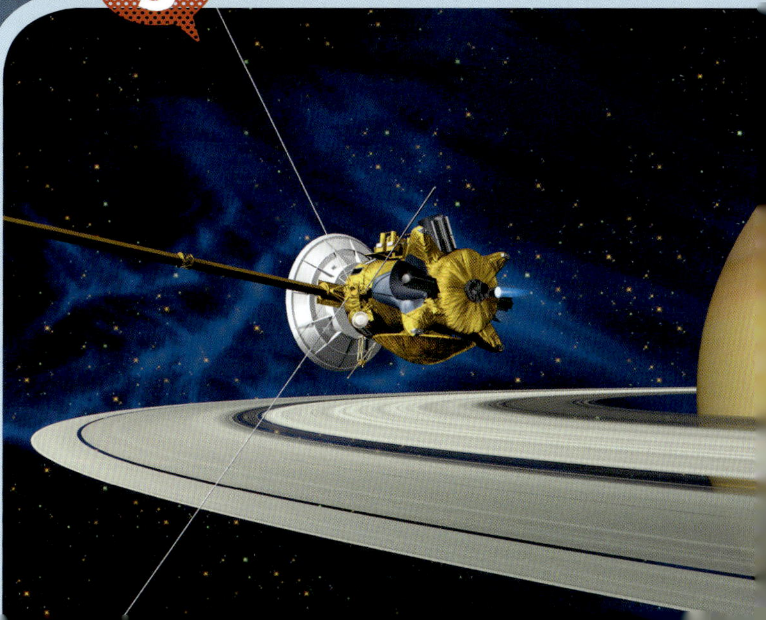

DES MARTIENS...

En 1898, dans La Guerre des mondes, *le romancier anglais Herbert George Wells imagine le débarquement de Martiens. Arrivés à bord d'obus pour conquérir la Terre, ils ont une tête énorme, munie de tentacules qui les font ressembler à des pieuvres géantes. À peine sortis de leur capsule, ils attaquent avec des sortes de laser, pourtant inconnu à l'époque, mais ils sont finalement décimés... par nos microbes !*

E.T., ES-TU LÀ ?

Voilà un siècle, des astronomes croyaient Mars habitée, et l'on imaginait que des Martiens pouvaient envahir la Terre. Cette crainte a inspiré de nombreux romans et films de science-fiction. Puis, dans les années 1960, on a écouté le ciel dans l'espoir de capter un message intelligent. Aujourd'hui, les astronomes recherchent des « exoplanètes », c'est-à-dire des planètes qui tournent autour d'autres étoiles que le Soleil.

PLANÈTES D'AILLEURS

La première exoplanète a été détectée en 1995 autour d'une étoile de la **constellation** de Pégase. La majorité, près de 6 200, ont maintenant été localisées et leur nombre augmente en permanence. La grande majorité sont des géantes gazeuses semblables à Jupiter, mais on commence à repérer quelques planètes qui pourraient ressembler à la Terre. Impossible cependant, pour l'instant, de savoir si elles sont habitées...

« Y'A QUELQU'UN ? »

Depuis 50 ans, les astronomes recherchent des civilisations extraterrestres en écoutant des étoiles proches du Soleil. Au début, ce sujet n'était pas considéré comme sérieux. Aucun signal « intelligent » n'a encore été détecté, mais d'autres scientifiques ont imaginé entrer en contact avec ces civilisations grâce à des messages radio expédiés vers diverses étoiles. Le premier a été émis en 1974 par un radiotélescope géant, situé à Porto Rico. Certains craignent que cette initiative soit dangereuse, en révélant notre existence à des extraterrestres envahisseurs, susceptibles d'exterminer l'humanité.

QUIZ

À toi de trouver les bonnes réponses à ces questions. Un indice : elles sont toutes dans le livre !

1. Combien y a-t-il de planètes dans notre système solaire ?
A. 6
B. 8
C. 15

2. Quelle est la plus grosse planète de notre système solaire ?
A. La Terre
B. Mars
C. Jupiter

7. Quel est le surnom de Vénus ?
A. L'étoile du berger
B. L'astre luisant
C. L'étoile mystérieuse

8. Qu'est-ce qu'un astéroïde ?
A. Une énorme étoile qui vient de loin
B. Un corps rocheux qui circule entre Mars et Jupiter
C. Un corps gazeux qui circule près du Soleil

9. Quelle est la particularité d'Uranus ?
A. Elle tourne sur elle-même à l'envers
B. Elle clignote très souvent
C. Elle se balade sans route précise dans le système solaire

10. L'histoire de la Terre a commencé depuis...
A. Plus d'un million d'années
B. Plus d'un milliard d'années
C. Plus de quatre milliards d'années

15. Certains télescopes ont des miroirs de plus de 5 m de diamètre.
A. Vrai
B. Faux

16. Combien Jupiter et Saturne ont-elles de lunes ?
A. Une seule
B. Une vingtaine
C. Plus de soixante

17. Que transportent les comètes ?
A. De la lumière
B. Des gaz asphyxiants
C. De l'eau sous forme de glace

18. Dans le roman *La Guerre des mondes*, comment meurent les méchants Martiens ?
A. Ils sont tués par nos microbes
B. Ils sont expulsés dans l'espace par l'armée américaine
C. Superman les détruit un par un

3. **Qui sont *Spirit* et *Sojourner* ?**
- **A.** Les noms de deux robots qui se promènent sur Mars
- **B.** Les noms de deux astronautes
- **C.** Les noms des premiers chiens envoyés dans l'espace

4. **Notre Soleil se trouve actuellement au milieu de sa vie.**
- **A.** Vrai
- **B.** Faux

5. **L'apesanteur, c'est le fait de...**
- **A.** Peser 100 kg de plus dans l'espace
- **B.** Ne plus avoir de poids et flotter dans l'espace
- **C.** Gonfler comme un ballon dans l'espace

6. **Le premier être vivant à avoir marché sur la Lune était...**
- **A.** Un singe
- **B.** Un chien
- **C.** Un homme

11. **De quoi sont composés les anneaux de Saturne ?**
- **A.** De plaques d'aluminium très fines
- **B.** D'eau et de gaz
- **C.** De rochers glacés

12. **Pourquoi la planète Mars est-elle rougeâtre ?**
- **A.** C'est une boule de feu
- **B.** Son sol est couvert de sable rouge
- **C.** Ce sont des reflets lumineux du Soleil

13. **À ce jour, aucun message d'extraterrestres n'a été détecté.**
- **A.** Vrai
- **B.** Faux

14. **À quoi servent les satellites qui tournent autour de la Terre ?**
- **A.** À rien, car aucun ne fonctionne
- **B.** À suivre les nuages, surveiller la Terre... et même sauver des vies
- **C.** À trouver des extraterrestres

19. ***Olympus Mons*, le plus gros volcan du système solaire, mesure...**
- **A.** On ne l'a jamais mesuré !
- **B.** 26 km de hauteur
- **C.** Trois fois moins que le plus haut sommet terrestre

20. **Qu'est-ce que l'orbite d'une planète ?**
- **A.** La route invisible qu'elle suit autour du Soleil
- **B.** Son point le plus élevé
- **C.** Le temps qu'elle met à tourner autour du Soleil

SOLUTIONS

1. B – **2.** C – **3.** A – **4.** A – **5.** B – **6.** C – **7.** A – **8.** B – **9.** A – **10.** C – **11.** C – **12.** B – **13.** A – **14.** B – **15.** A – **16.** C – **17.** C – **18.** A – **19.** B – **20.** A

LEXIQUE

Apesanteur
Quand on n'est pas à la surface d'un astre, mais qu'on tourne autour (c'est-à-dire en orbite), on perd son poids ! On est alors en état d'apesanteur.
Dans un vaisseau spatial, tous les objets qui ne sont pas attachés flottent librement.

Cataclysme
Lorsqu'un événement naturel (inondation, tempête, tremblement de terre, éruption volcanique) provoque de gros dégâts, c'est une catastrophe ; on dit aussi un cataclysme.

Constellations
Ce sont des lignes imaginaires entre les étoiles que les astronomes ont tracées pour se repérer.
Elles dessinent souvent la silhouette d'un animal (grande et petite ourse, aigle, cygne, taureau, scorpion...).

Densité
Rapport entre la quantité de matière contenue dans un objet et son volume : plus il y a de matière et plus l'objet est dense. Ainsi, le poids d'une bille de plomb est plus important que le poids d'une bille de verre de la même taille. Le plomb est donc plus dense que le verre. C'est la même chose pour les planètes.

Diamètre
C'est la largeur d'une boule. Comme quasiment tous les astres ont cette forme, la mesure de leur diamètre est la meilleure façon d'apprécier leur dimension.

Dioxyde de carbone
Appelé aussi gaz carbonique, ce gaz est émis lorsqu'on brûle un corps combustible (gaz, pétrole...). En trop grande quantité, ce gaz peut nous asphyxier.

Galaxie
Rassemblement d'un grand nombre d'étoiles, en général plus de 100 milliards ! Si les étoiles étaient des habitations, la galaxie serait une ville.

Ondes radar
Une onde est le mouvement d'une matière qui se propage, comme lorsqu'on jette une pierre dans l'eau et qu'elle fait des vagues. Il en existe de très différentes : les secousses des tremblements de terre sont des ondes, la lumière et le son se propagent sous forme d'ondes... Les ondes radar, elles, sont des ondes qui vibrent beaucoup. À cause de cela, elles sont renvoyées par les objets solides. Du coup, on se sert de ces ondes pour détecter des objets à distance. On peut aussi mesurer leur vitesse, sur la route par exemple !

Pression atmosphérique
C'est la force sur le sol qui est provoquée par la couche d'air enveloppant la Terre (et certaines planètes). Ce poids est mesuré par les baromètres.

INDEX

CRÉDITS ICONOGRAPHIQUES

1re de couverture : ESA - D. Ducros – **p. 4-5** : Didier Florentz – **p. 5**, bas : Laurent Audouin – **p. 6** : Extreme Ultraviolet Imaging Telescope, ESA / NASA / SOHO – **p. 7**, haut : NASA / SDO / AIA ; bas : Asahi Shimbun / Getty Images – **p. 8** : NASA / JPL – **p. 9**, haut : NASA Planetary Photojournal ; bas : NASA / Johns Hopkins University Applied Physics Laboratory / Carnegie Institution of Washington – **p. 10** : Coredoc – **p. 11**, haut gauche : Getty Images ; haut droite : Laurent Audouin ; bas : Michel Gunther / Biosphoto – **p. 12**, haut : Midhat Becar / Getty Images ; bas : Lick Observatory / NASA Astronomy Picture of the Day Collection – **p. 13** : Vito Palmisano / Getty Images – **p. 14-15**, image 1 : Meteosat Second Generation / ESA ; image 2 : vue d'artiste du satellite Artemis / ESA ; image 3 : Tetra Images / Getty Images ; image 4 : CNES ; image 5 : vue d'artiste du satellite Envisat / ESA ; image 6 : NASA / ESA / The Hubble Heritage Team (STScI/AURA) – **p. 16-17**, image 1 : Hulton Archive / Getty Images ; Keystone / Getty Images ; image 2 : Solar system Collection / NASA ; image 3 : Popperfoto / Getty Images ; image 4 : Goddard Image Gallery, NASA / GSFC ; image 5 : Johnson Space Center / NASA ; fond : mission Apollo 11 / NASA – **p. 18-19** : ESA / NASA – **p. 18**, bas : International Space Station Imagery / NASA – **p. 19**, haut gauche : Johnson Space Center / NASA ; haut droite : International Space Station Imagery / NASA – **p. 20** : NASA / ESA / The Hubble Heritage Team (STScI/AURA) – **p. 21**, haut : NASA Planetary Photo Journal Collection ; bas : NASA / JPL / Malin Space Science Systems – **p. 22-23**, image 1 : NASA ; images 2 et 3 : NASA / JPL ; image 4 : NASA / JPL / UA / Lockheed Martin ; image 5 : NASA / JPL-Caltech ; fond : NASA – **p. 24** : Stocktrek / Getty Images (Cérès) ; JPL / NASA (Gaspra, Ida) ; NASA / Goddard Space Flight Center Scientific Visualization Studio (Eros) ; Ben Zellner (Georgia Southern University), Peter Thomas (Cornell University) and NASA (Vesta) ; ISAS / JAXA / NASA (Itokawa) – **p. 25**, haut : The Image Bank / Getty Images ; bas : Travel Ink / Getty Images – **p. 26-27** : Paul Schaffner / Getty Images – **p. 27**, haut : The Natural History Museum, ALAMY / Photo12 ; bas : Johnson Space Center / NASA – **p. 28**, haut : NASA / JPL ; bas : NASA / JPL / DLR – **p. 29** : NASA / JPL/ Space Science Institute – **p. 30** : NASA / JPL – **p. 31**, bas gauche : NASA / JPL / University of Colorado ; bas droite : NASA / JPL – **p. 32**, milieu gauche : Sylvain Grandadam / Getty Images ; milieu droit : Louis Mazzatenta / National Geographic / Getty Images ; bas gauche : Laurent Audouin ; bas droit : NASA / JPL – **p. 33** : NASA / JPL / Malin Space Science Systems (Mars) ; NASA / JPL / University of Arizona et Galileo Project / NASA / JPL (Io) ; NASA / JPL / Space Science Institute et NASA / Karl Kofoed (Encelade) – **p. 34**, gauche : NASA / JPL ; droite : Laurent Audouin – **p. 35**, gauche : Laurent Audouin ; droite : NASA – **p. 36-37** : Dan Schechter / Getty Images – **p. 37**, haut : NASA / JPL ; bas : NASA / JPL / UMD – **p. 38-39** : Didier Florentz – **p. 38**, haut : Marshall Space Flight Center Collection / NASA ; milieu, bas gauche et bas droite : NASA / JPL – **p. 39**, haut : NASA / JPL ; bas : Voyager Project / NASA / JPL – **p. 40-41**, image 1 : Selva / Leemage et Getty Images ; image 2 : Getty Images ; image 3 : Régis Vincent / Getty Images ; image 4 : Hubble Telescope Imagery / NASA ; image 5 : JPL / NASA – **p. 42-43** : NASA – **p. 43**, bas : Archives du 7e Art / Columbia Pictures / Photo12.